Futur illimité

Une vision de l'avenir possible de notre monde (par JMB)

La démocratie participative, la décentralisation énergétique, la médecine personnalisée, la singularité technologique... sont des sujets qui suscitent l'intérêt de nombreux citoyens du monde entier. Ces thèmes sont tous liés par leur potentiel à façonner notre avenir collectif de manière significative.

Dans ces quelques pages, nous explorerons chacun de ces sujets et examinerons leur impact potentiel sur la société et sur l'humanité dans son ensemble. Nous discuterons de la façon dont la démocratie participative peut donner aux citoyens une voix dans la prise de décision politique, en particulier en ce qui concerne les enjeux sociaux et environnementaux.

Nous explorerons également les possibilités passionnantes de l'exploration spatiale, des avantages de la décentralisation énergétique pour l'environnement et la sécurité énergétique, et des avantages économiques de l'économie circulaire par rapport à l'économie linéaire traditionnelle.

Nous discuterons également de la médecine personnalisée et de ses implications potentielles pour la santé humaine, ainsi que de la singularité technologique et de son potentiel à transformer radicalement notre société et notre monde.

Dans l'ensemble, ce livre cherche à explorer ces thèmes de manière simple et nuancée, en quelques pages ,tout en fournissant aux lecteurs des informations claires et accessibles sur ces sujets complexes et importants. Nous espérons que ce livre suscitera des discussions éclairées et stimulera des réflexions sur les moyens de façonner un avenir plus équitable, durable et prospère pour tous.

(Pour les non initiés comme moi..)

Le scénario optimiste

Dans ce premier chapitre, nous explorons un scénario optimiste pour l'évolution de l'humanité dans les cent prochaines années. Nous envisageons une augmentation des technologies propres, des énergies renouvelables et de la protection de la biodiversité. Nous envisageons également une expansion de la colonisation spatiale, une régulation de l'intelligence artificielle et une augmentation des opportunités pour tous.

Nous allons explorer un scénario optimiste pour l'évolution de l'humanité dans les cent prochaines années. Dans un monde où les défis sont nombreux, il est important de se concentrer sur les solutions et les opportunités qui peuvent conduire à un avenir meilleur pour tous. Nous allons donc examiner les différentes tendances et avancées qui pourraient nous permettre d'atteindre cet objectif.

1. Les technologies propres : La première tendance qui pourrait contribuer à un avenir meilleur est l'augmentation des technologies propres. Les énergies renouvelables telles que l'énergie solaire, l'énergie éolienne, l'énergie géothermique et l'énergie hydraulique sont en train de devenir de plus en plus compétitives par rapport aux énergies fossiles. De plus, des progrès sont réalisés dans des domaines tels que la capture et le stockage de carbone, ce qui pourrait permettre de continuer à utiliser des combustibles fossiles sans émettre de gaz à effet de serre. Si nous sommes en mesure de déployer massivement ces technologies propres, nous pourrions réduire considérablement notre empreinte environnementale et contribuer à la lutte contre le changement climatique.

2. La protection de la biodiversité : La biodiversité est essentielle pour la vie humaine et pourtant elle est menacée par des activités telles que la déforestation, la pollution et la surpêche. Toutefois, il y a des raisons d'être optimiste quant à l'avenir de la biodiversité. De plus en plus de personnes prennent conscience de l'importance de la nature pour leur bien-être et leur survie, ce qui peut conduire à une augmentation de l'investissement dans la conservation et la restauration de l'environnement. De plus, les innovations technologiques telles que les drones, les satellites et les capteurs peuvent aider à surveiller et à protéger les écosystèmes.

3. L'expansion de la colonisation spatiale : L'expansion de la colonisation spatiale pourrait être une autre tendance prometteuse pour l'avenir. Les progrès réalisés dans les domaines de la propulsion spatiale, de la production de nourriture dans l'espace et de la vie en milieu spatial pourraient rendre possible l'installation de colonies humaines sur d'autres planètes. Cela pourrait offrir de nouvelles opportunités pour l'humanité en matière de découverte, d'exploration et de développement économique. De plus, cela pourrait également contribuer à la protection de la Terre en offrant une solution de secours en cas de catastrophe.

4. La régulation de l'intelligence artificielle : L'augmentation de l'intelligence artificielle (IA) est une tendance qui peut être à la fois prometteuse et inquiétante. L'IA peut apporter des avantages considérables dans des domaines tels que la santé, la sécurité et l'efficacité économique. Toutefois, elle peut également être

utilisée à des fins malveillantes. Pour éviter les effets négatifs de l'IA, une réglementation appropriée sera nécessaire. Les gouvernements et les organisations devront travailler ensemble pour élaborer des normes éthiques pour l'utilisation de l'IA et garantir que les avantages de l'IA profitent à tous. Des programmes de formation et de sensibilisation pour les travailleurs qui pourraient être affectés par l'automatisation seront également nécessaires.

5. L'augmentation des opportunités pour tous : Enfin, l'augmentation des opportunités pour tous est une tendance clé pour un avenir meilleur. Nous devons travailler à la réduction des inégalités économiques, à l'accès équitable à l'éducation et à la santé, et à la promotion de la diversité et de l'inclusion. Des politiques publiques et des initiatives privées qui soutiennent l'entrepreneuriat, la création d'emplois et le développement économique pour tous sont également essentielles. Si nous sommes en mesure de réaliser ces objectifs, nous pourrions créer un avenir où chacun a une chance égale de réussir et de contribuer à la société.

Dans l'ensemble, ce scénario optimiste pour l'avenir de l'humanité est basé sur des tendances qui existent déjà aujourd'hui. Si nous pouvons travailler ensemble pour mettre en œuvre ces tendances de manière coordonnée et efficace, nous pourrions construire un avenir plus durable, plus juste et plus prospère pour tous. Cependant, il reste encore beaucoup de travail à faire pour réaliser cette vision et nous devons rester engagés dans la poursuite de ces objectifs pour les générations futures.

Le scénario pessimiste

Dans ce deuxième chapitre, nous explorons un scénario pessimiste pour l'avenir de l'humanité. Nous envisageons une détérioration rapide de la biodiversité, une augmentation de la pollution, une hausse des inégalités et des conflits internationaux. Nous envisageons également un échec de la régulation de l'intelligence artificielle et un possible effondrement de la société.

Dans ce chapitre, nous allons explorer un scénario pessimiste pour l'évolution de l'humanité dans les cent prochaines années. Ce scénario est fondé sur les tendances actuelles de la société, de l'économie et de l'environnement, ainsi que sur les prévisions des experts dans divers domaines. Nous envisageons une détérioration rapide de la biodiversité, une augmentation de la pollution, une hausse des inégalités et des conflits internationaux. Nous envisageons également un échec de la régulation de l'intelligence artificielle et un possible effondrement de la société.

1. La détérioration de la biodiversité

La biodiversité est essentielle à la survie de notre planète et de l'humanité. Cependant, les taux d'extinction des espèces sont actuellement plus élevés que jamais auparavant, en grande partie en raison de la destruction des habitats naturels, de la surexploitation des ressources naturelles et du changement climatique. Dans un scénario pessimiste, nous envisageons une détérioration rapide de la biodiversité, avec des extinctions massives d'espèces animales et végétales. Cela aura des conséquences graves pour la survie de l'humanité, car la biodiversité est essentielle pour maintenir l'équilibre écologique de notre planète.

2. L'augmentation de la pollution

La pollution est un autre problème majeur auquel l'humanité est confrontée. Les émissions de gaz à effet de serre, les déchets toxiques et la pollution de l'air et de l'eau ont des conséquences graves pour la santé humaine et l'environnement. Dans un scénario pessimiste, nous envisageons une augmentation de la pollution, avec des conséquences graves pour la santé humaine et l'environnement. La pollution atmosphérique pourrait causer des millions de décès prématurés chaque année, tandis que la pollution de l'eau pourrait rendre les sources d'eau potable inutilisables.

3. L'augmentation des inégalités

Les inégalités économiques et sociales sont un autre problème majeur auquel l'humanité est confrontée. Dans un scénario pessimiste, nous envisageons une augmentation des inégalités, avec une concentration croissante de richesse et de pouvoir entre les mains d'une élite économique et politique. Cela pourrait entraîner des tensions sociales et des conflits, ainsi qu'une détérioration de la qualité de vie pour la plupart des gens.

4. Les conflits internationaux

Les conflits internationaux sont une source constante de préoccupation pour la sécurité mondiale. Dans un scénario pessimiste, nous envisageons une augmentation des conflits internationaux, avec des guerres régionales et des conflits entre les grandes puissances. Cela pourrait avoir des conséquences graves pour la sécurité mondiale et la stabilité politique.

5. L'échec de la régulation de l'intelligence artificielle

L'intelligence artificielle est une technologie en développement rapide, avec le potentiel de changer radicalement la société et l'économie. Cependant, il y a des préoccupations croissantes quant à la façon dont l'IA pourrait être utilisée de manière abusive ou malveillante. Dans un scénario pessimiste, nous envisageons un échec de la régulation de l'IA, ce qui pourrait entraîner une utilisation incontrôlée et dangereuse de cette technologie. Cela pourrait avoir des conséquences graves, telles que des pertes d'emplois massives, une augmentation de la surveillance et de la manipulation des populations, ainsi que des risques pour la sécurité nationale et internationale.

6. L'effondrement de la société

Dans un scénario pessimiste, ces différentes tendances négatives pourraient conduire à un effondrement de la société. Les catastrophes environnementales, les conflits sociaux et internationaux, la concentration de richesse et de pouvoir, l'utilisation incontrôlée de l'IA et d'autres facteurs pourraient converger pour créer une situation insoutenable pour l'humanité. Dans une telle situation, nous pourrions voir une dégradation rapide de la qualité de vie pour la plupart des gens, ainsi qu'une forte diminution de la population mondiale.

Cependant, il est important de noter que ce scénario pessimiste n'est pas inévitable. Nous avons la possibilité de changer de cap et de prendre des mesures pour éviter ces tendances négatives. En investissant dans la protection de l'environnement, la réduction des inégalités, la régulation responsable de l'IA et la coopération internationale, nous pouvons créer un avenir plus positif pour l'humanité. Mais cela nécessite une prise de conscience et une action collective à tous les niveaux, de la part des gouvernements, des entreprises et des citoyens.

La surpopulation

Dans ce chapitre, nous explorons le scénario d'une surpopulation de l'humanité, entraînant des problèmes environnementaux et sociaux importants. Nous envisageons des avancées dans la régulation de la population, des technologies agricoles avancées et une augmentation de l'exploration spatiale pour répondre aux besoins de la population croissante.

La surpopulation est un problème croissant qui pourrait avoir un impact significatif sur l'avenir de l'humanité. Alors que la population mondiale continue de croître, de plus en plus de personnes auront besoin de nourriture, d'eau, d'espace et de ressources naturelles. Dans ce chapitre, nous allons explorer le scénario de la surpopulation, en examinant les défis environnementaux et sociaux auxquels nous pourrions être confrontés dans les décennies à venir, ainsi que les stratégies possibles pour y faire face.

Les défis environnementaux de la surpopulation

Une population croissante signifie plus de demandes sur les ressources naturelles, et cela peut avoir des conséquences graves pour l'environnement. L'augmentation de la demande en nourriture, en eau et en énergie pourrait entraîner une utilisation excessive des terres et des ressources naturelles, ce qui pourrait causer des dégradations environnementales comme la déforestation, la désertification, la dégradation des sols et la perte de biodiversité.

L'augmentation de la demande en énergie pourrait également accélérer le changement climatique en augmentant les émissions de gaz à effet de serre. Les experts prévoient que la hausse de la population mondiale pourrait entraîner une augmentation des émissions de CO_2 de l'ordre de 50% d'ici 2050.

Les défis sociaux de la surpopulation

La surpopulation peut également causer des problèmes sociaux, notamment des inégalités économiques et une pression croissante sur les infrastructures et les services publics. Les gouvernements peuvent avoir des difficultés à fournir des services de base tels que l'eau potable, l'éducation et la santé aux populations croissantes, ce qui pourrait exacerber les inégalités et la pauvreté.

En outre, une population croissante peut également exacerber les tensions sociales et politiques, en particulier dans les régions où les ressources sont limitées. Des migrations de population peuvent avoir lieu, et les groupes peuvent se battre pour les ressources et les territoires disponibles. Les conflits peuvent également surgir autour de la régulation de la population, car certaines personnes peuvent considérer ces mesures comme une atteinte à leurs droits de reproduction.

Les solutions possibles à la surpopulation

Pour faire face à ces défis, il est essentiel d'adopter des stratégies efficaces pour réguler la population, réduire la demande en ressources et encourager l'utilisation de technologies plus efficaces. Parmi les solutions possibles figurent :

1. La régulation de la population : Des politiques de planification familiale peuvent être mises en place pour contrôler la croissance de la population. Cela pourrait inclure des programmes de contraception, des campagnes d'éducation à la santé reproductive et des incitations pour les familles qui choisissent d'avoir moins d'enfants.

2. L'adoption de technologies plus efficaces : Des technologies plus efficaces peuvent être utilisées pour réduire la demande en ressources naturelles. Des systèmes agricoles avancés peuvent permettre une utilisation plus efficace des terres, tandis que des technologies de l'eau et de l'énergie peuvent aider à réduire la consommation de ces ressources. . Des méthodes agricoles plus efficaces et plus durables peuvent être développées pour augmenter la production alimentaire. Des technologies telles que la culture hydroponique, l'agriculture verticale et les cultures génétiquement modifiées peuvent être utilisées pour augmenter la production alimentaire tout en réduisant la demande en terres agricoles.

3. La promotion de l'égalité et de la justice sociale : En encourageant l'égalité économique et en fournissant des services de base tels que l'éducation, la santé et l'eau potable aux populations, nous pouvons réduire les inégalités sociales et économiques qui sont exacerbées par la surpopulation.

4. La sensibilisation et l'éducation : En sensibilisant les populations aux conséquences de la surpopulation et en éduquant sur les solutions possibles, nous pouvons encourager l'adoption de comportements plus responsables en matière de reproduction et de consommation de ressources.

5. L'exploration spatiale : L'exploration spatiale pourrait également offrir une solution à la surpopulation en permettant à l'humanité de coloniser d'autres planètes ou de créer des habitats dans l'espace. Cela pourrait réduire la pression sur les ressources limitées de la Terre et offrir de nouvelles opportunités pour la croissance économique et le développement.

Conclusion

En fin de compte, la surpopulation est un problème complexe qui nécessite des solutions créatives et à long terme. En adoptant des stratégies efficaces pour réguler la population, réduire la demande en ressources et encourager l'adoption de technologies plus efficaces. La surpopulation est un scénario plausible pour l'avenir de l'humanité, mais elle peut être gérée avec succès grâce à des politiques gouvernementales, des technologies agricoles avancées et l'éducation, nous pouvons éviter les conséquences environnementales et sociales désastreuses de la surpopulation et garantir un avenir durable pour l'humanité.

Chapitre 2

L'effondrement écologique

Dans ce chapitre, nous explorons le scénario de l'effondrement écologique, dans lequel la biodiversité est gravement affectée par le changement climatique et la pollution. Nous envisageons des solutions innovantes pour protéger l'environnement, comme l'utilisation de technologies propres et la mise en place de politiques de conservation de la biodiversité.

L'effondrement écologique est une préoccupation croissante dans le monde entier. Alors que l'humanité continue de consommer des ressources naturelles à un rythme insoutenable, les scientifiques nous avertissent que des changements catastrophiques sont en cours. Dans ce chapitre, nous allons explorer un scénario dans lequel l'effondrement écologique est devenu une réalité. Nous discuterons des causes possibles de cet effondrement, des conséquences qui en découlent et des solutions potentielles pour empêcher que cela ne se produise.

Les causes de l'effondrement écologique

Plusieurs facteurs peuvent contribuer à l'effondrement écologique. Tout d'abord, le changement climatique est l'un des plus grands problèmes auxquels l'humanité est confrontée. Les températures moyennes de la Terre augmentent, ce qui entraîne une fonte des glaces, une élévation du niveau de la mer, des événements météorologiques extrêmes et des sécheresses prolongées.

De même, la déforestation est un problème important. Les forêts sont des habitats pour la biodiversité, des puits de carbone et des régulateurs du climat. Mais à mesure que les forêts sont abattues, la biodiversité diminue et les émissions de gaz à effet de serre augmentent.

Enfin, la pollution de l'air, de l'eau et des sols est également un facteur important de l'effondrement écologique. Les émissions de gaz d'échappement, les produits chimiques industriels, les plastiques et les produits chimiques agricoles polluent l'environnement et ont des effets néfastes sur la santé humaine et la biodiversité.

Les conséquences de l'effondrement écologique

L'effondrement écologique peut avoir des conséquences graves et durables. Tout d'abord, la perte de biodiversité peut entraîner la disparition de certaines espèces, ainsi que des écosystèmes entiers. Cela peut entraîner une perturbation des écosystèmes, une diminution de la production alimentaire, une augmentation des maladies et une diminution de la qualité de vie.

En outre, l'effondrement écologique peut avoir des conséquences économiques importantes. L'effondrement écologique aurait des répercussions sur l'ensemble de la société. Les ressources naturelles, comme l'eau potable, l'air pur et les aliments nutritifs, pourraient devenir rares, ce qui pourrait entraîner des conflits et des migrations massives. Les maladies liées à l'environnement, telles que les maladies respiratoires et les maladies liées à l'eau contaminée, pourraient également se propager plus facilement. La diminution de la production alimentaire, la diminution des ressources, l'augmentation des coûts de nettoyage de l'environnement peuvent tous entraîner une pression économique. Les communautés les plus pauvres et les plus vulnérables seront les plus touchées par ces conséquences économiques.

Les solutions à l'effondrement écologique

Il existe plusieurs solutions potentielles à l'effondrement écologique. Tout d'abord, il est important de réduire les émissions de gaz à effet de serre en utilisant des énergies renouvelables et en réduisant la dépendance aux combustibles fossiles. La réglementation des émissions de gaz à effet de serre et la taxation du carbone peuvent aider à réduire les émissions.

La conservation de la biodiversité est également importante. La mise en place de zones protégées, la réglementation de la pêche et la réduction de la déforestation peuvent aider à protéger la biodiversité et les écosystèmes. Les technologies propres, telles que l'énergie solaire et l'éolien, peuvent également aider à réduire la pollution de l'air et de l'eau. Enfin, il est important que les gouvernements, les entreprises et les individus travaillent ensemble pour prendre des mesures visant à préserver l'environnement. Des politiques efficaces de gestion des déchets, des programmes de sensibilisation à l'environnement et des investissements dans des solutions innovantes peuvent tous contribuer à préserver la planète pour les générations futures. Conclusion L'effondrement écologique est une menace réelle et croissante pour la planète. Cependant, il est possible de prendre des mesures pour protéger l'environnement et prévenir les conséquences catastrophiques de cet effondrement. Les solutions incluent la réduction des émissions de gaz à effet de serre, la conservation de la biodiversité et l'utilisation de technologies propres. En fin de compte, il est important que chacun d'entre nous prenne des mesures pour protéger l'environnement et assurer un avenir durable pour la planète.

Pour éviter l'effondrement écologique, il est essentiel de prendre des mesures immédiates pour réduire la pollution et le changement climatique, ainsi que pour protéger la biodiversité.

1. Utilisation de technologies propres

Les technologies propres, telles que les énergies renouvelables et les voitures électriques, peuvent aider à réduire les émissions de gaz à effet de serre et la pollution de l'air. Les gouvernements peuvent encourager l'adoption de ces technologies en offrant des incitations financières, telles que des crédits d'impôt et des subventions.

2. Politiques de conservation de la biodiversité

Les politiques de conservation de la biodiversité peuvent aider à protéger les espèces menacées et leurs habitats. Les gouvernements peuvent établir des réserves naturelles, des parcs nationaux et des aires protégées pour préserver la faune et la flore. Ils peuvent également interdire la chasse, la pêche et l'exploitation forestière dans les zones sensibles.

3. Agriculture durable

L'agriculture durable peut aider à réduire les émissions de gaz à effet de serre et à préserver les sols fertiles. Les agriculteurs peuvent utiliser des pratiques agricoles durables, telles que la rotation des cultures, la culture en bandes et la conservation de l'eau, pour préserver les sols et les écosystèmes locaux., l'utilisation de fertilisants naturels et la gestion de l'eau pour maintenir la qualité du sol et réduire les déchets. Les gouvernements peuvent également encourager l'adoption de pratiques agricoles durables en offrant des subventions et des programmes de formation.

4. Éducation et sensibilisation

L'éducation et la sensibilisation sont des outils importants pour lutter contre l'effondrement écologique. Les gouvernements peuvent mettre en place des campagnes de sensibilisation pour informer le public sur les enjeux environnementaux et encourager des comportements plus durables, tels que la réduction des déchets et la consommation responsable. Les écoles peuvent également intégrer des programmes d'éducation à l'environnement dans leur curriculum pour sensibiliser les jeunes générations aux enjeux environnementaux.

5. Réduction de la consommation de viande

La production de viande est l'une des principales causes de la déforestation et des émissions de gaz à effet de serre. En réduisant la consommation de viande, les individus peuvent contribuer à réduire la demande de production animale et à protéger l'environnement. Cela peut également avoir des effets positifs sur la santé humaine, car une consommation excessive de viande peut entraîner des maladies chroniques telles que les maladies cardiovasculaires et certains types de cancer.

Pour réduire la consommation de viande, il est important d'explorer les alternatives végétales telles que les légumineuses, les noix et les graines. Il est également utile de planifier les repas à l'avance et d'inclure des plats à base de plantes dans son alimentation quotidienne.

Conclusion

L'effondrement écologique est une menace réelle et urgente qui nécessite une action immédiate. Les solutions potentielles, telles que l'utilisation de technologies propres, les politiques de conservation de la biodiversité, l'agriculture durable et l'éducation et la sensibilisation, peuvent aider à atténuer les effets de l'effondrement écologique et à préserver la planète pour les générations futures. Il est de notre responsabilité collective de prendre des mesures pour protéger notre environnement et garantir un avenir durable pour tous.

La singularité technologique

Dans ce chapitre, nous explorons le scénario de la singularité technologique, où l'intelligence artificielle atteint un niveau de développement tel qu'elle devient incontrôlable. Nous envisageons des solutions pour réguler la technologie, des collaborations internationales et des réglementations pour empêcher l'IA de devenir une menace pour l'humanité.

Le scénario de la singularité technologique est l'un des scénarios les plus débattus pour l'avenir de l'humanité. Dans ce scénario, l'intelligence artificielle (IA) atteint un niveau de développement tel qu'elle devient plus intelligente que l'homme et qu'elle peut se reproduire et évoluer de manière autonome. Cela pourrait entraîner une transformation radicale de la société et de la civilisation humaine. Ce chapitre explorera les implications potentielles de ce scénario et examinera les mesures que nous pouvons prendre pour éviter une situation où l'IA devient incontrôlable.

Les implications de la singularité technologique : Si la singularité technologique se produit, elle pourrait avoir des implications profondes pour l'humanité. L'IA pourrait se développer à un point où elle est capable de remplacer les humains dans la plupart des tâches. Les emplois humains pourraient être remplacés par des robots et des machines, et l'économie pourrait être fondamentalement transformée. L'IA pourrait remplacer les humains dans des emplois et réduire le nombre d'opportunités de travail pour les humains.

De plus, si l'IA est capable de se reproduire et d'évoluer de manière autonome, cela pourrait entraîner une évolution rapide et incontrôlable de la technologie, l'IA peut devenir une menace pour l'humanité si elle n'est pas régulée. L'IA pourrait évoluer au point où elle serait capable de prendre des décisions sans l'approbation humaine. Cela pourrait mener à des conséquences désastreuses, comme l'utilisation de l'IA pour contrôler les armes nucléaires ou les systèmes de surveillance de masse. Dans ce scénario, l'IA pourrait devenir une menace pour l'humanité.

Les solutions possibles pour éviter une situation incontrôlable : Pour éviter une situation où l'IA devient incontrôlable, il est important de mettre en place des réglementations strictes pour réguler la technologie. Les gouvernements du monde entier devront r élaborer des normes internationales pour la conception et l'utilisation de l'IA.

Il est important de développer des outils de surveillance pour suivre l'évolution de l'IA. Les chercheurs et les experts en technologie devraient être en mesure de surveiller les progrès de l'IA et de détecter tout signe de développement incontrôlable. Cela permettrait aux gouvernements et aux régulateurs de réagir rapidement en cas de besoin. Les gouvernements du monde entier devraient collaborer pour établir des réglementations pour l'IA qui devraient inclure des règles pour l'utilisation de l'IA, ainsi que des protocoles de sécurité pour empêcher l'IA de devenir incontrôlable. Ces normes devraient inclure des dispositions pour empêcher l'IA de se reproduire et de se développer de manière autonome, ainsi que des dispositions pour garantir que l'IA soit utilisée de manière éthique. La recherche en IA devrait être transparente, avec une surveillance constante pour garantir que l'IA est utilisée de manière responsable

Enfin, il est important d'impliquer le public dans les discussions sur l'avenir de l'IA. Les gens devraient être informés des implications potentielles de la singularité technologique et être encouragés à participer aux discussions sur la réglementation de l'IA. Cela permettrait de garantir que les normes et les réglementations sont soutenues par le public et qu'elles sont mises en œuvre de manière efficace. Les avantages potentiels de l'IA : Bien que la singularité technologique puisse être une menace pour l'humanité, l'IA peut également offrir des avantages considérables. L'IA peut être utilisée pour résoudre des problèmes complexes, comme la découverte de nouvelles molécules pour des médicaments ou la création de solutions de transport plus efficaces. L'IA peut être utilisée pour automatiser des tâches répétitives, ce qui permet aux humains de se concentrer sur des tâches plus importantes.

Conclusion

La singularité technologique est un scénario qui doit être pris au sérieux par les décideurs politiques, les scientifiques et le public en général. Si l'IA devient incontrôlable, cela pourrait avoir des implications profondes pour l'humanité. Cependant, en travaillant ensemble et en développant des normes et des réglementations strictes pour l'IA, il est possible d'éviter une situation où la technologie devient une menace pour l'humanité. Il est donc essentiel que nous continu ions à investir dans la recherche et le développement de l'IA responsable et à promouvoir une utilisation éthique de la technologie. Les gouvernements, les entreprises et les scientifiques doivent travailler ensemble pour élaborer des réglementations et des politiques qui garantissent que l'IA est développée et utilisée dans l'intérêt de l'humanité, tout en respectant les droits humains fondamentaux et en minimisant les risques pour la sécurité et la vie privée. En fin de compte, la clé pour un avenir sûr et prospère avec l'IA est de trouver un équilibre entre l'innovation technologique et la protection des valeurs et des intérêts humains.

Chapitre 4

La médecine personnalisée

Dans ce chapitre, nous explorons le scénario de la médecine personnalisée, où les traitements médicaux sont individualisés pour chaque patient. Nous envisageons des avancées dans les domaines de la génétique, de la médecine régénérative et de la nanotechnologie, offrant des traitements plus efficaces et moins invasifs.

Introduction : La médecine personnalisée, une révolution médicale

La médecine personnalisée est une approche médicale qui prend en compte les caractéristiques individuelles de chaque patient, telles que son patrimoine génétique, son environnement et son mode de vie, pour établir un diagnostic et choisir un traitement adapté. Cette approche innovante a le potentiel de révolutionner la médecine, offrant des traitements plus efficaces, moins invasifs et plus ciblés. Dans ce chapitre, nous explorerons les avancées dans les domaines de la génétique, de la médecine régénérative et de la nanotechnologie qui permettront à la médecine personnalisée de devenir une réalité dans les années à venir.

La médecine personnalisée offre de nombreux avantages par rapport aux approches traditionnelles de la médecine. Tout d'abord, elle permet de fournir des traitements plus efficaces en ciblant spécifiquement les causes sous-jacentes de la maladie. En identifiant les facteurs génétiques, environnementaux et comportementaux qui contribuent à la maladie, les médecins peuvent concevoir des traitements individualisés qui sont plus efficaces et ont moins d'effets secondaires.

En outre, la médecine personnalisée permet de prévenir les maladies en identifiant les personnes à risque avant que les symptômes ne se manifestent. Les tests génétiques peuvent révéler les prédispositions à certaines maladies, ce qui permet aux patients et à leurs médecins de prendre des mesures préventives pour réduire le risque de maladie.

La médecine personnalisée peut également réduire les coûts de traitement en évitant les traitements inutiles et en ciblant les traitements sur les patients qui en ont besoin. En identifiant les sous-groupes de patients qui répondent bien à certains traitements, les médecins peuvent éviter de prescrire des traitements coûteux et inefficaces à des patients qui n'en bénéficieront pas.

Enfin, la médecine personnalisée peut améliorer la qualité de vie des patients en offrant des traitements moins invasifs et moins douloureux. Par exemple, la médecine régénérative utilise des cellules souches pour réparer les tissus endommagés, ce qui peut éviter la nécessité de procédures chirurgicales invasives.

1. Les avancées dans la génétique

La génétique est l'étude des gènes, des chromosomes et de l'hérédité. Dans les dernières années, des avancées spectaculaires ont été réalisées dans le domaine de la génétique, en grande partie grâce à l'avènement des technologies de séquençage de l'ADN. Ces technologies ont permis de décoder le génome humain et d'identifier des variants génétiques associés à des maladies.

Avec la médecine personnalisée, la génétique joue un rôle crucial dans l'établissement du diagnostic et dans la sélection du traitement. Les tests génétiques permettent d'identifier les variants génétiques qui peuvent prédisposer à certaines maladies et de choisir les traitements qui seront les plus efficaces pour chaque patient. Par exemple, certains patients peuvent avoir une mutation génétique qui les rend plus susceptibles de développer un cancer du sein. Avec la médecine personnalisée, ces patients peuvent être dépistés plus tôt et bénéficier de traitements plus ciblés.

Les avancées dans le domaine de la génétique ont été cruciales pour le développement de la médecine personnalisée. Les tests génétiques peuvent identifier les mutations génétiques qui augmentent le risque de maladies comme le cancer du sein, la maladie d'Alzheimer et la maladie de Huntington. Ces informations peuvent être utilisées pour concevoir des traitements individualisés pour les patients qui ont un risque élevé de développer ces maladies.

La thérapie génique est une autre approche de la médecine personnalisée qui utilise la manipulation génétique pour traiter les maladies. Les thérapies géniques peuvent remplacer les gènes défectueux par des gènes sains, ce qui peut offrir des traitements curatifs pour des maladies qui étaient auparavant incurables. Les avancées dans les techniques de modification génétique, telles que CRISPR-Cas9, ont considérablement amélioré la précision et l'efficacité de la thérapie génique. Dans les cent prochaines années, nous pouvons nous attendre à ce que ces avancées génétiques continuent de jouer un rôle clé dans le développement de la médecine personnalisée

2. La médecine régénérative

La médecine régénérative est une approche médicale qui vise à réparer ou à remplacer les tissus et les organes endommagés ou défaillants. Cette approche est particulièrement utile pour les maladies chroniques ou les blessures graves qui ne peuvent être traitées efficacement par les méthodes médicales conventionnelles.

La médecine régénérative implique l'utilisation de cellules souches, de thérapies géniques et de biomatériaux pour régénérer les tissus et les organes endommagés. Cette approche permettra à la médecine personnalisée de traiter des maladies qui étaient jusqu'à présent incurables, comme la maladie de Parkinson, la sclérose en plaques et la maladie d'Alzheimer.

Dans les cent prochaines années, nous pouvons nous attendre à ce que la médecine régénérative continue de se développer et devenir plus accessible pour les patients. Des progrès dans les techniques de culture de cellules souches et la création de nouveaux types de cellules souches pourraient permettre des traitements régénératifs plus efficaces et plus rapides pour un plus grand nombre de patients

3. La nanotechnologie

La nanotechnologie est l'étude et la manipulation de la matière à l'échelle nanométrique, c'est-à-dire à l'échelle des atomes et des molécules. Cette approche offre des avantages considérables pour la médecine personnalisée, car elle permet de cibler les traitements directement sur les cellules malades, sans affecter les cellules saines environnantes.

Les nanoparticules peuvent être utilisées pour transporter des médicaments directement aux cellules malades, en évitant les effets secondaires des traitements conventionnels. Les nanorobots peuvent être programmés pour détecter et détruire les cellules cancéreuses de manière ciblée, minimisant ainsi les dommages collatéraux sur les cellules saines. En combinant ces avancées dans la génétique, la médecine régénérative et la nanotechnologie, la médecine personnalisée pourrait offrir des traitements sur mesure pour chaque patient, qui maximisent l'efficacité tout en minimisant les effets secondaires et les complications. Avancées en nanotechnologie La nanotechnologie est une autre avancée qui peut avoir un impact important sur la médecine personnalisée. Les nanoparticules peuvent être utilisées pour cibler spécifiquement les cellules malades et fournir des traitements plus efficaces. Les nanorobots peuvent également être utilisés pour cibler spécifiquement les cellules cancéreuses et les détruire sans endommager les cellules saines environnantes.

Dans les cent prochaines années, nous pouvons nous attendre à ce que la nanotechnologie continue de se développer et de jouer un rôle important dans la médecine personnalisée. Des progrès dans la fabrication de nanoparticules plus précises et plus sûres pourraient offrir des traitements plus efficaces et moins invasifs pour les patients. Par exemple, un patient atteint d'un cancer du poumon pourrait bénéficier d'un traitement personnalisé qui utilise des nanoparticules pour délivrer des médicaments directement aux cellules cancéreuses, tout en utilisant des thérapies géniques pour augmenter l'efficacité du traitement.

Conclusion

Les promesses de la médecine personnalisée La médecine personnalisée offre un avenir prometteur pour le traitement des maladies, en utilisant les caractéristiques individuelles de chaque patient pour élaborer des traitements sur mesure. Les avancées dans les domaines de la génétique, de la médecine régénérative et de la nanotechnologie ont jeté les bases de cette approche innovante, qui promet de révolutionner la médecine moderne. Bien que de nombreux défis restent à relever, la médecine personnalisée offre un espoir pour les patients atteints de maladies chroniques et incurables, en leur offrant des traitements plus efficaces, moins invasifs et plus ciblés. Cependant, il y a aussi des défis à relever, tels que l'accès à ces traitements pour tous les patients et les considérations éthiques liées à l'utilisation de la manipulation génétique et de la nanotechnologie.

Chapitre 5

L'économie circulaire

Dans ce chapitre, nous explorons le scénario de l'économie circulaire, où les déchets sont réduits, réutilisés et recyclés pour minimiser l'impact environnemental. Nous envisageons des solutions pour améliorer l'efficacité des ressources, comme la mise en place de politiques environnementales et l'utilisation de technologies avancées.

Introduction

Le scénario de l'économie circulaire est un modèle économique qui cherche à minimiser l'utilisation des ressources naturelles et la production de déchets. Il s'agit d'un système où les déchets sont transformés en ressources, créant ainsi un cercle vertueux de production et de consommation durable. Dans ce chapitre, nous explorerons le scénario de l'économie circulaire et les différentes solutions possibles pour atteindre cet objectif. Nous examinerons les avancées technologiques, les politiques environnementales et les changements sociaux nécessaires pour faire de cette vision une réalité

Section 1 : Définition et enjeux de l'économie circulaire

L'économie circulaire vise à réduire l'impact environnemental de la production et de la consommation en utilisant les déchets comme source de matière première. Cela permet de réduire les émissions de gaz à effet de serre, de préserver les ressources naturelles, de créer de nouveaux emplois et d'améliorer la compétitivité des entreprises.

Cependant, l'économie circulaire doit faire face à de nombreux défis. Parmi les principaux enjeux, on peut citer :

- La nécessité d'impliquer tous les acteurs de la chaîne de production et de consommation pour garantir l'efficacité du système.

- La mise en place d'une réglementation favorable à l'économie circulaire pour favoriser l'investissement dans les technologies et les infrastructures nécessaires.

- La nécessité d'adapter les comportements des consommateurs pour encourager la consommation durable.

Section 2 : Les solutions pour une économie circulaire

La réduction des déchets La première étape pour atteindre une économie circulaire est de réduire les déchets. Les consommateurs doivent être encouragés à acheter des produits durables et à éviter les produits à usage unique. Les entreprises doivent également être incitées à réduire la quantité de déchets qu'elles produisent. Cela peut être accompli en utilisant des matériaux durables, en réduisant l'emballage et en offrant des programmes de recyclage pour les produits en fin de vie.

1. Le recyclage : Le recyclage est l'une des solutions les plus courantes pour atteindre une économie circulaire. Le recyclage permet de transformer les déchets en matière première pour la production de nouveaux produits. Les technologies de recyclage avancées Une fois que les déchets ont été réduits, la prochaine étape consiste à recycler autant de matériaux que possible. Les technologies de recyclage ont considérablement progressé ces dernières années, avec de nouvelles méthodes de tri et de traitement des matériaux. Les métaux, le papier, le plastique et le verre peuvent tous être recyclés à un certain degré, et les technologies émergentes pourraient permettre de recycler des matériaux plus complexes à l'avenir. Cependant, le recyclage ne doit pas être considéré comme la seule solution à l'économie circulaire, car il nécessite une quantité importante d'énergie pour la collecte, le tri et le traitement des déchets.

2. L'écoconception : L'écoconception est une méthode de conception de produits qui prend en compte l'impact environnemental tout au long du cycle de vie du produit. Cette approche permet de réduire l'utilisation des ressources naturelles et la production de déchets en favorisant les matériaux recyclables, en réduisant la taille et le poids des produits, en prolongeant la durée de vie des produits, etc.

3. La réutilisation : La réutilisation consiste à réutiliser les produits existants plutôt que de les jeter. La réutilisation des matériaux Une fois que les matériaux ont été recyclés autant que possible, la prochaine étape consiste à les réutiliser. Cela peut être accompli en concevant des produits qui peuvent être facilement démontés et réparés, en utilisant des matériaux recyclés dans de nouveaux produits et en offrant des programmes de reprise pour les produits en fin de vie. Les entreprises peuvent également utiliser des plateformes de partage pour permettre aux consommateurs de louer des produits plutôt que de les acheter. Cela peut être réalisé grâce à des solutions telles que la location, l'achat d'occasion, la remise à neuf, etc.

4. La valorisation énergétique : La valorisation énergétique consiste à utiliser les déchets comme source d'énergie. Les déchets peuvent être incinérés pour produire de l'électricité ou transformés en biogaz pour alimenter des usines ou des véhicules.

5. La coopération et la mise en réseau : Pour atteindre une économie circulaire, il est important de coopérer et de mettre en réseau les différents acteurs de la chaîne de production et de consommation. La coopération permet de maximiser l'utilisation des ressources, de réduire les coûts et d'encourager l'innovation.

Pour atteindre une économie circulaire, il est essentiel que les gouvernements mettent en place des politiques environnementales favorables. Cela peut inclure des taxes sur les déchets et les émissions de carbone, des incitations fiscales pour les entreprises qui utilisent des matériaux recyclés et des subventions pour les technologies propres. Les politiques environnementales peuvent également être utilisées pour promouvoir les pratiques de l'économie circulaire, comme l'achat de produits durables et la réduction des déchets.

Les changements sociaux Pour atteindre une économie circulaire, il sera également nécessaire de changer les comportements des consommateurs. Les consommateurs doivent être encouragés à acheter des produits durables et à réduire leur consommation d'énergie. Les entreprises peuvent également jouer un rôle en éduquant les consommateurs sur les avantages de l'économie circulaire et en offrant des produits et services qui encouragent la réduction des déchets.

Les avantages de l'économie circulaire L'économie circulaire présente de nombreux avantages pour l'environnement et l'économie. En réduisant les déchets, elle réduit les émissions de gaz à effet de serre et la consommation de ressources naturelles, contribuant ainsi à lutter contre le changement climatique et à préserver la biodiversité. De plus, l'économie circulaire peut stimuler l'innovation technologique et créer de nouveaux emplois dans les industries du recyclage et de la réutilisation.

Dans les cent prochaines années, l'économie circulaire deviendra de plus en plus importante, car la population mondiale continuera à augmenter et la demande de ressources naturelles augmentera également. Cependant, pour réaliser cette vision, il faudra un engagement et une coopération mondiale pour mettre en œuvre des politiques environnementales efficaces, promouvoir des pratiques durables et encourager les comportements responsables chez les consommateurs.

De plus, l'économie circulaire devra s'adapter aux changements technologiques et économiques. De nouvelles technologies émergeront pour améliorer la collecte, le tri et le traitement des matériaux, tandis que les marchés mondiaux pour les matières premières et les produits recyclés évolueront. Les entreprises devront être flexibles et innovantes pour s'adapter à ces changements.

En fin de compte, l'économie circulaire représente un avenir durable pour notre planète. En réduisant les déchets et en réutilisant autant de matériaux que possible, nous pouvons créer une économie plus équitable et respectueuse de l'environnement pour les générations futures.

Chapitre 6

La décentralisation énergétique

Dans ce chapitre, nous explorons le scénario de la décentralisation énergétique dans les prochaines décennies. Cette vision consiste à déplacer la production d'énergie des grandes centrales électriques vers des sources d'énergie plus petites et plus locales, telles que l'énergie solaire, éolienne, hydraulique ou géothermique. Cette approche permettrait de réduire la dépendance des consommateurs aux combustibles fossiles et de promouvoir une utilisation plus efficace de l'énergie.

Le rôle des technologies de l'information et de la communication (TIC) dans la décentralisation énergétique est crucial. Les TIC peuvent permettre une gestion plus efficace de la production et de la distribution d'énergie, ainsi qu'une meilleure communication entre les consommateurs et les producteurs. Les réseaux intelligents, ou "smart grids", permettent une gestion dynamique de l'énergie produite et consommée, en ajustant la production en fonction de la demande en temps réel.

La décentralisation énergétique offre également des avantages en matière de sécurité énergétique et de résilience. En cas de panne de courant dans une zone, les sources d'énergie locales peuvent continuer à fonctionner, assurant ainsi un approvisionnement en électricité continu pour les consommateurs. De plus, la production d'énergie locale réduit la dépendance aux sources d'énergie étrangères et vulnérables aux perturbations géopolitiques.

Cependant, la décentralisation énergétique présente également des défis à relever. Les sources d'énergie renouvelable sont souvent intermittentes, ce qui signifie que leur production fluctue en fonction des conditions météorologiques. Il est donc important de développer des moyens de stockage de l'énergie pour permettre une utilisation continue de l'énergie produite.

La mise en place de politiques favorisant la décentralisation énergétique sera également nécessaire pour stimuler l'investissement dans les technologies renouvelables et la production d'énergie locale. Les incitations fiscales, les subventions et les tarifs de rachat garantis pour l'énergie produite par les particuliers peuvent encourager la production locale d'énergie renouvelable.

En somme, la décentralisation énergétique offre un potentiel important pour réduire les émissions de gaz à effet de serre, améliorer la sécurité énergétique et stimuler l'innovation technologique. Toutefois, il faudra relever plusieurs défis pour la mettre en place de manière efficace et durable.

Dans les prochaines décennies, la décentralisation énergétique devrait être de plus en plus adoptée, car elle offre de nombreux avantages par rapport aux systèmes énergétiques centralisés. Les avantages comprennent la réduction de la dépendance aux combustibles fossiles, la promotion de l'utilisation efficace de l'énergie, l'amélioration de la sécurité énergétique et de la résilience, ainsi que la réduction de la vulnérabilité aux perturbations géopolitiques.

Cependant, la transition vers une décentralisation énergétique doit être réalisée de manière efficace et durable pour assurer une production d'énergie continue et fiable. Des technologies de pointe, telles que les réseaux intelligents et le stockage d'énergie, devront être développées pour permettre une gestion dynamique de la production et de la distribution d'énergie.

La mise en place de politiques favorisant la décentralisation énergétique sera également nécessaire pour encourager l'investissement dans les technologies renouvelables et la production d'énergie locale. Les incitations fiscales, les subventions et les tarifs de rachat garantis pour l'énergie produite par les particuliers peuvent être utilisés pour encourager la production locale d'énergie renouvelable.

En résumé, la décentralisation énergétique est une solution prometteuse pour répondre aux défis énergétiques mondiaux, mais elle doit être mise en place de manière efficace et durable en tenant compte des technologies avancées et des politiques de soutien. Les efforts continus pour développer des solutions énergétiques innovantes sont donc nécessaires pour atteindre les objectifs de réduction des émissions de gaz à effet de serre et pour garantir un avenir énergétique durable.

Chapitre 7

L'exploration de l'espace

Dans ce chapitre, nous explorerons les développements en matière d'exploration spatiale. Nous verrons comment les avancées dans les technologies de propulsion et de vie en milieu spatial peuvent conduire à de nouvelles missions de découverte dans notre système solaire et au-delà. Nous discuterons également des avantages potentiels de l'exploration spatiale, tels que l'exploration des ressources et la recherche de vie extraterrestre.

L'exploration spatiale est un domaine fascinant et en constante évolution, qui a le potentiel de nous révéler de nouvelles découvertes sur notre univers. Depuis les premières missions de l'homme sur la Lune dans les années 1960, de nombreux progrès ont été réalisés dans les domaines de la propulsion, de la vie en milieu spatial et de la robotique, permettant des missions plus ambitieuses et de nouvelles opportunités d'exploration. Dans ce chapitre, nous allons explorer les développements en matière d'exploration spatiale et comment ils pourraient conduire à de nouvelles missions de découverte dans notre système solaire et au-delà. Nous discuterons également des avantages potentiels de l'exploration spatiale, tels que l'exploitation des ressources et la recherche de vie extraterrestre.

Les avancées en matière de propulsion spatiale

L'un des principaux défis de l'exploration spatiale est la propulsion, car les distances dans l'espace sont immenses et nécessitent des vitesses incroyablement élevées pour atteindre d'autres planètes ou étoiles. Cependant, ces dernières années, des avancées significatives ont été réalisées dans les domaines de la propulsion spatiale, permettant des missions plus ambitieuses.

L'une des avancées les plus remarquables a été le développement de la propulsion ionique, qui utilise des ions électriquement chargés pour propulser un vaisseau spatial. Cette méthode de propulsion est plus efficace que les méthodes conventionnelles, car elle utilise beaucoup moins de carburant. Les missions de la NASA Dawn et de la mission européenne SMART-1 ont utilisé la propulsion ionique pour atteindre leur destination respective.

Une autre avancée importante a été le développement de la propulsion nucléaire, qui utilise la fission nucléaire pour produire de la poussée. Cette méthode est encore plus efficace que la propulsion ionique et pourrait permettre des missions interstellaires à long terme. Cependant, la propulsion nucléaire est encore en développement et doit être étudiée en profondeur pour s'assurer qu'elle est sûre et fiable.

Enfin, il y a la propulsion photovoltaïque, qui utilise l'énergie solaire pour propulser un vaisseau spatial. Cette méthode est plus efficace que les méthodes conventionnelles et est utilisée dans les satellites en orbite terrestre. Bien que la propulsion photovoltaïque soit encore en développement, elle pourrait être utilisée pour les missions interplanétaires à l'avenir.

Les avancées en matière de vie en milieu spatial

Une autre considération importante pour l'exploration spatiale est la vie en milieu spatial. Les humains ne peuvent pas survivre dans l'espace sans équipement spécialisé, et les missions spatiales doivent être soigneusement planifiées pour assurer la sécurité des astronautes. Cependant, ces dernières années, des avancées significatives ont été réalisées dans les domaines de la vie en milieu spatial, permettant des missions plus longues et plus ambitieuses.

Une des avancées les plus importantes a été le développement de l'impression 3D en microgravité, permettant aux astronautes de créer des pièces de rechange et des outils en utilisant des matériaux locaux. Cela pourrait réduire considérablement les coûts et les temps de réponse dans le cas où des réparations ou des ajustements seraient nécessaires lors de missions spatiales à long terme.

De plus, des progrès ont été réalisés dans la production de nourriture dans l'espace, notamment grâce à la culture de légumes frais à bord de la Station spatiale internationale. Cette capacité à produire de la nourriture à bord peut être essentielle pour les missions de longue durée, où l'approvisionnement en nourriture depuis la Terre serait limité.

En outre, des recherches sont en cours pour comprendre les effets de la microgravité sur la santé humaine. Cette connaissance est cruciale pour les missions à long terme, où les astronautes pourraient être exposés à des niveaux prolongés de microgravité, ce qui peut causer des problèmes de santé tels que la perte de densité osseuse et musculaire. En comprenant mieux ces effets, nous pourrons mieux protéger les astronautes et améliorer leur qualité de vie pendant les missions spatiales.

Les avancées en matière de robotique

L'utilisation de robots dans l'exploration spatiale est un autre domaine en constante évolution. Les robots peuvent être envoyés dans des endroits inaccessibles pour les humains, tels que les zones à haute radiation ou les endroits avec des conditions extrêmes, et peuvent recueillir des données précieuses pour les scientifiques. Ces dernières années, des progrès significatifs ont été réalisés dans le domaine de la robotique spatiale, permettant des missions plus efficaces et plus ciblées. Une avancée majeure a été le développement de robots qui peuvent travailler en équipe. Ces robots peuvent communiquer entre eux pour atteindre un objectif commun, comme la collecte de données ou la construction d'une structure. Cela pourrait réduire considérablement les coûts de missions spatiales et permettre des projets plus ambitieux qui nécessitent la coordination de plusieurs robots. De plus, les robots ont été équipés de caméras et d'autres capteurs pour recueillir des données à distance, permettant aux scientifiques de recueillir des informations précieuses sur des endroits difficiles à atteindre pour les humains. Les robots peuvent également être équipés d'outils tels que des perceuses pour prélever des échantillons, permettant ainsi la collecte d'informations importantes sur la composition des roches et des sols sur d'autres planètes.

L'un des avantages les plus excitants de l'exploration spatiale est la recherche de vie extraterrestre. Bien que nous n'ayons pas encore trouvé de preuves concluantes de vie au-delà de notre planète, la découverte de formes de vie simples, même sous forme de micro-organismes, pourrait avoir des implications importantes pour notre compréhension de l'origine de la vie et de la possibilité d'une vie ailleurs dans l'univers.

Enfin, l'exploration spatiale peut également inspirer la prochaine génération de scientifiques, d'ingénieurs et d'explorateurs. Les réalisations dans l'exploration spatiale ont captivé l'imagination de millions de personnes à travers le monde et ont incité beaucoup de jeunes à poursuivre des carrières dans les sciences et la technologie.

Conclusion

L'exploration spatiale est une entreprise passionnante qui a captivé l'imagination de l'humanité depuis des siècles. Les avancées dans les technologies de propulsion, de vie en milieu spatial et de robotique ont permis de relever les défis de l'exploration spatiale de manière plus efficace et efficace. Les avantages potentiels de l'exploration spatiale, tels que la recherche de vie extraterrestre et la découverte de nouvelles ressources, peuvent avoir des implications importantes pour la science et l'humanité en général. L'exploration spatiale a également inspiré de nombreuses personnes à poursuivre des carrières dans les sciences et la technologie, contribuant ainsi à l'avancement de notre compréhension de l'univers. Les missions futures pourraient être plus ambitieuses et nous pourrions en apprendre davantage sur notre univers grâce à ces avancées technologiques. Cependant, il est important de continuer à investir dans ces domaines pour continuer à progresser dans l'exploration spatiale et pour assurer la sécurité des astronautes et la réussite des missions à venir.

Chapitre 8

La démocratie participative

La nécessité d'une démocratie participative pour les générations futures est un sujet important et complexe qui peut être analysé sous différents angles.

Tout d'abord, la démocratie participative implique une participation active et directe des citoyens dans la prise de décisions politiques, ce qui peut permettre une plus grande transparence et responsabilité de la part des gouvernements. Les générations futures pourraient ainsi bénéficier de politiques plus équitables et plus durables, qui tiennent compte de leurs besoins et de leurs intérêts à long terme, plutôt que de ceux d'une élite dirigeante à court terme.

De plus, une démocratie participative peut permettre aux citoyens de se mobiliser pour faire face à des défis urgents tels que le changement climatique, la perte de biodiversité et la pollution. En impliquant les citoyens dans la recherche de solutions, on peut s'assurer que les politiques adoptées sont plus efficaces et plus acceptables socialement. Les générations futures pourraient ainsi bénéficier d'une planète plus saine et plus résiliente.

La démocratie participative peut favoriser l'émergence de nouvelles idées et de nouvelles perspectives en encourageant la participation de personnes issues de différentes communautés et de différents horizons socio-économiques. Les générations futures pourraient ainsi bénéficier d'une plus grande diversité de points de vue et d'idées, ce qui pourrait aider à relever les défis complexes auxquels nous sommes confrontés.

Cependant, il est important de noter que la démocratie participative peut également présenter des défis, tels que la difficulté de mobiliser une participation suffisante, la complexité de certains problèmes, et les inégalités socio-économiques qui peuvent affecter la participation. Il est donc important de mettre en place des mécanismes efficaces pour garantir que les citoyens puissent participer de manière significative, que les décisions prises soient éclairées et que toutes les voix soient entendues.

En résumé, la démocratie participative peut être un outil puissant pour assurer une meilleure gouvernance et une plus grande participation citoyenne, ce qui pourrait bénéficier aux générations futures en assurant des politiques plus durables, équitables et efficaces. Cependant, pour maximiser ses avantages, il est important de relever les défis liés à la participation et de mettre en place des mécanismes efficaces pour garantir que tous les citoyens puissent participer de manière significative.

Conclusion

La démocratie est un système politique fondamental pour garantir la participation citoyenne et la transparence dans la prise de décision. La démocratie participative, qui permet une participation directe des citoyens dans la prise de décisions politiques, peut être particulièrement importante pour la survie de l'humanité et pour les générations futures. Elle peut favoriser une plus grande équité, une plus grande durabilité, une plus grande diversité de points de vue et d'idées, et une meilleure responsabilité de la part des gouvernements.

En fin de compte, la démocratie participative peut offrir de nombreux avantages pour la survie de l'humanité et pour les générations futures. Elle peut nous aider à relever les défis complexes auxquels nous sommes confrontés et à construire un avenir plus équitable, durable et prospère pour tous.

BREF...

Il est important de rappeler que les actions individuelles sont importantes, mais les changements à grande échelle nécessitent également des politiques et des initiatives gouvernementales pour encourager et faciliter des choix plus durables. Nous avons besoin de gouvernements, d'entreprises et de la société civile pour travailler ensemble et élaborer des politiques, des programmes et des technologies qui encouragent et facilitent une transition vers une économie verte et une société durable.

Enfin, nous devons tous reconnaître que la durabilité est un processus continu et qu'il y a toujours plus à faire pour protéger notre planète et notre avenir. Cela nécessite un engagement constant et une collaboration continue de la part de tous les acteurs de la société, des individus aux entreprises, des gouvernements aux organisations de la société civile. En travaillant ensemble, nous pouvons créer un avenir plus durable pour nous-mêmes et pour les générations à venir.

Pour un avenir meilleur, il est important que les êtres humains prennent des mesures concrètes pour préserver l'environnement, promouvoir l'égalité sociale et économique, et investir dans des technologies propres et durables. Il est également essentiel de sensibiliser et d'éduquer les générations futures sur les enjeux de la durabilité. En travaillant ensemble pour protéger notre planète et créer un monde plus juste et durable, nous pouvons construire un avenir meilleur pour tous.